U0060746

造型餐 1

都是蝐了你
溏心蛋海苔飯糰

（作法參考 P.40）

造型餐 2

小鳥家族
椒鹽豬五花饅頭

（作法參考 P.46）

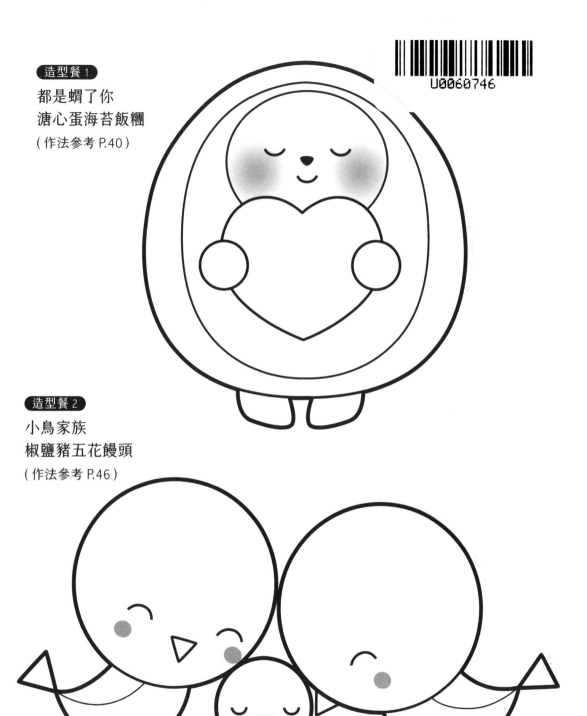

造型餐 3
銀河北極熊
白醬貝殼麵
（作法參考 P.50）

造型餐 4
企鵝的冬季仙境
台式豬排飯
（作法參考 P.54）

造型餐 5
聖誕北極熊
奶油鮭魚飯
(作法參考 P.58)

造型餐 6
我的動物朋友
炒蛋菇菇吐司
（作法參考 P.64）

造型餐 7
快樂進行曲
薯泥肉丸子餐
（作法參考 P.68）

造型餐 8
一夜好眠
小熊蝦鬆飯
（作法參考 P.74）

造型餐 9

跟著我飛翔
番茄鑲肉長頸鹿吐司

(作法參考 P.78)

造型餐10
夢中彩虹
獨角獸唐揚雞塊
（作法參考 P.88）

造型餐11
跟我一起玩
粉紅醬龍蝦義大利麵
（作法參考 P.82）

造型餐12
貓咪樂園
小兒版打拋豬飯
（作法參考 P.98）

造型餐13

大自然的寧靜力量
小鹿脆皮雞腿飯

（作法參考 P.102）

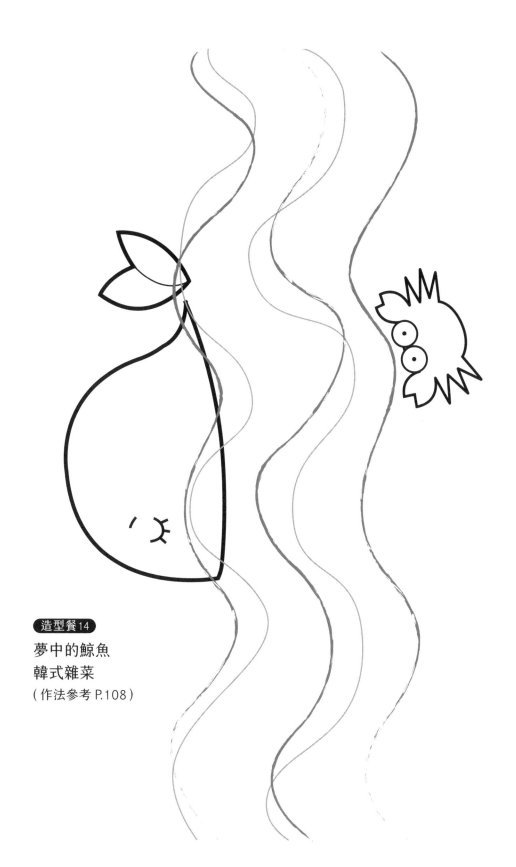

造型餐14
夢中的鯨魚
韓式雜菜
（作法參考 P.108）

造型餐15

捕捉那一份月光
兔子肉燥飯

（作法參考 P.114）

造型餐16
星空下
檸檬蒜蝦青醬麵
（作法參考 P.130）

造型餐17
快樂的雨天
蔥燒牛肉米漢堡
（作法參考 P.136）

造型餐18

我最愛的冰淇淋
日式豬排麵

（作法參考 P.142）

（冰淇淋圖為原寸縮小 20%）

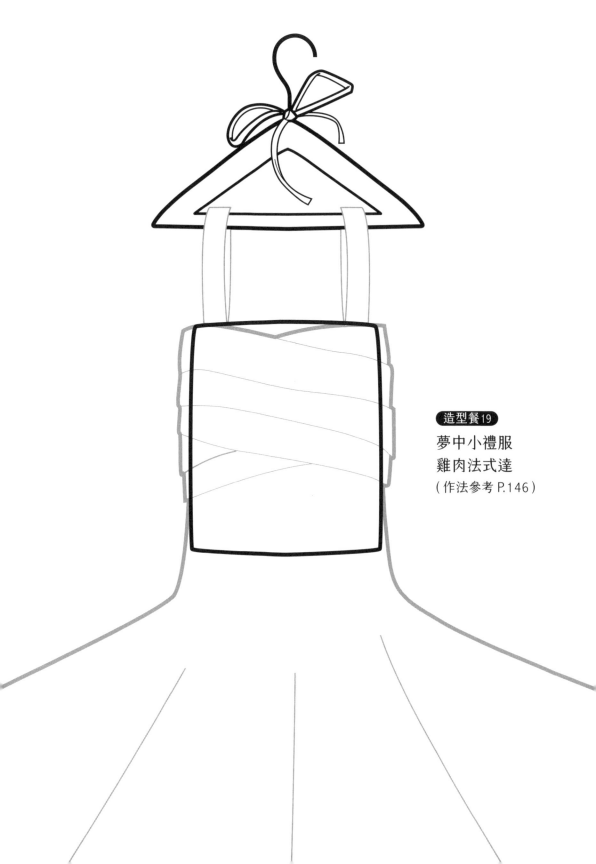

造型餐19

夢中小禮服
雞肉法式達

（作法參考 P.146）

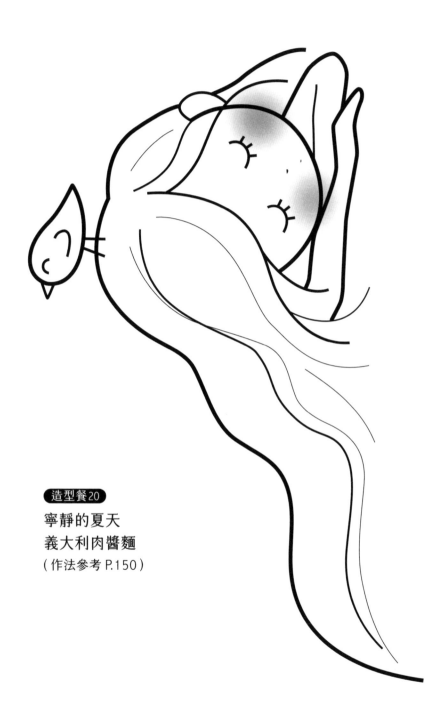

造型餐20

寧靜的夏天
義大利肉醬麵

（作法參考 P.150）

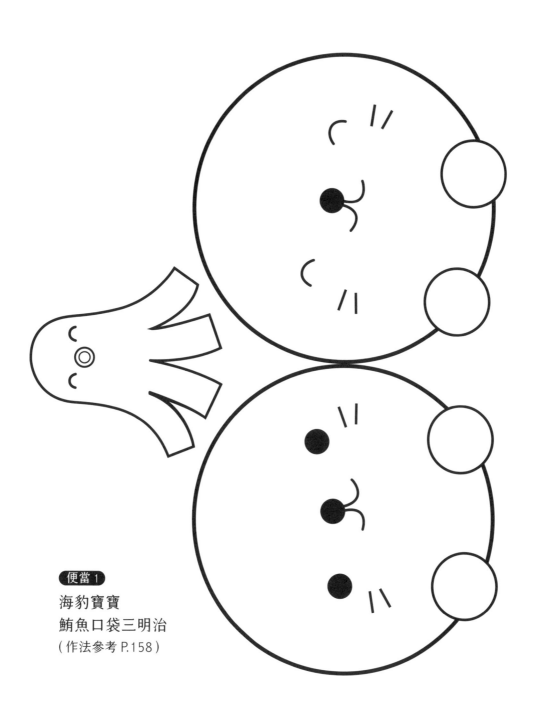

便當 1

海豹寶寶
鮪魚口袋三明治
（作法參考 P.158）

便當 2

我是小獅王
花枝蝦排堡

(作法參考 P.164)

便當 3

貓熊的樂園
紅燒肉刈包

(作法參考 P.168)

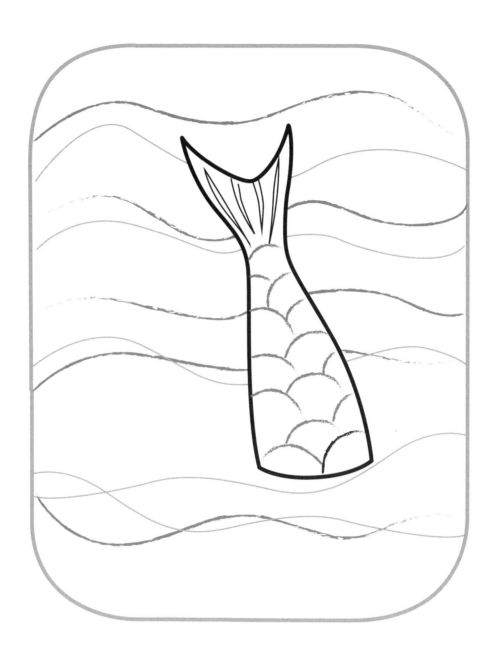

便當 4

勇往直前
美人魚鮮蝦麵
（作法參考 P.172）

便當 5

帝王斑蝶的神祕森林
蝴蝶雞肉咖哩
（作法參考 P.176）

便當6

星夜
無水番茄牛肉飯
（作法參考 P.180）

便當7
晚安月亮
兔子麻婆豆腐飯
（作法參考 P.184）

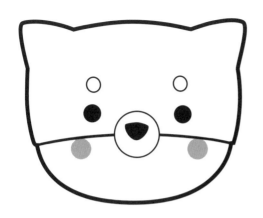

便當 8

柴柴的花園
蝦球壽司便當

（作法參考 P.190）

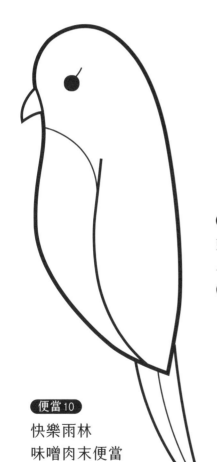

便當 9

賴床天
小熊蔥油麵

（作法參考 P.196）

便當 10

快樂雨林
味噌肉末便當

（作法參考 P.202）

便當11

彩色畫筆的世界
彩蔬肉捲飯糰
（作法參考 P.218）

便當12

聖誕小夥伴
豆皮壽司便當
（作法參考 P.222）

便當 13

永遠是晴天
太陽花鮭魚炒飯
（作法參考 P.232）

便當14
彩色的世界
彩虹親子丼
（作法參考 P.228）

便當15
一閃一閃亮晶晶
星星冷蝦涼麵
（作法參考 P.236）